ISBN 978-3-662-22780-0 ISBN 978-3-662-24713-6 (eBook)
DOI 10.1007/978-3-662-24713-6

Die in den Sitzungsberichten Abtlg. I und Abtlg. IIa der math.-nat. Klasse der Österr. Ak. d. Wiss erscheinenden Abhandlungen werden auch einzeln abgegeben. Sie können durch jede Buchhandlun oder direkt durch die Auslieferungsstelle der Österreichischen Akademie der Wissenschaften (Wien I Singerstraße 12) bezogen werden.

Nachfolgende Abhandlungen aus dem Fach der **Zoologie** sind erschienen:

1955 (S I Bd. 164):

Brehm V.: Niphargus-Probleme (mit 42 Textabbildungen). S 24.80

Gickelhorn J.: Wissenschaftsgeschichtliche Notizen zu den Studien von S. Syrski (1874) un S. Freud (1877) über männliche Flußaale S 12.80

Hansl N R.: Atmungsenzymsysteme von Avena in ihrer Beziehung zum Wachstum (mit 6 Text abbildungen). S 15.10

Hicker R.: Die Ergebnisse der Österreichischen Iran-Expedition 1949/50. Coleoptera VI. Teil Malacodermata (mit 4 Textabbildungen). S 3.20

Kühnelt W.: Typen des Wasserhaushaltes der Tiere. S 8.70

Löffler H.: Die Boeckelliden Perus. Ergebnis der Expedition Brundin und der Andenkundfahrt unter Prof. Dr. Kinzl 1953 54 (mit 31 Textabbildungen). S 15.90

Nemenz H.: Über den Bau der Kutikula und dessen Einfluß auf die Wasserabgabe bei Spinne (mit 2 Textabbildungen und 1 Tafel). S 8.80

Wawrik Friederike: Hochgebirgs-Kleingewässer im Arlberggebiet II (mit 3 Textabbildunge und 2 Tafeln). S 24.80

Wawrik Friederike: Waldviertler Fischteiche I. (mit 5 Textabbildungen und 2 Tafeln). S 17.8

Wettstein-Westerheim O.: Die Fauna der miozänen Spaltenfüllung von Neudorf an de March (ČSR.) Amphibia (Anura) et Reptilia (mit 2 Tafeln). S 10.60

1956 (S I Bd. 165):

Beier M. und Strouhal H.: Zoologische Studien in Westgriechenland. VI. Teil: Ispoda terrestria II: Armadillidiidae (mit 54 Textabbildungen). S 31.—

Beier M. und Wagner E.: Zoologische Studien in Westgriechenland. V. Teil: Hemiptera-Heteropter (mit 10 Textabbildungen). S 24.60

Brehm V.: Beiträge zur Kenntnis der Quell- und Subterranfauna des Lunzer Gebietes (mit 5 Text abbildungen). S 8.30

Brehm V.: Bemerkungen zu einigen neueren Cladocerenfunden aus Amerika (mit 2 Textabbildungen) S 9.—

Brehm V.: Über einige Entomastraken Südamerikas (mit 7 Textabbildungen). S 8.50

Janczyk F. St. W.: Anatomie von Siro duricorius Joseph im Vergleich mit anderen Opilionide (mit 28 Textabbildungen). S 40.—

Mathes Ingeborg: Zur systematischen Stellung der Gattung Platyarthus Brandt (mit 9 Text abbildungen). S 10.50

Medwenitsch W.: Zur Geologie Vardarisch-Makedoniens (Jugoslawien) zum Problem der Pela goniden (mit 11 Abbildungen im Text und auf 2 Tafeln und 2 Beilagen). S 51.—

Schiller J.: Untersuchungen an den planktischen Protophyten des Neusiedler Sees 1950—195 III. Teil: Euglenen (mit 70 Abbildungen auf 15 Tafeln). S 47.80

1957 (S I Bd. 166):

Janetschek H. und Steiner W.: Zoologisch-systematische Ergebnisse der Studienreise in di spanische Sierra Nevada 1954.
- Janetschek H.: I. Einführung. S 2.80
- Wagner E.: II. Einige neue Heteropteren (mit 26 Textabbildungen). S 7.60
- Lengersdorf F.: III. Neue Lycoriiden (Sciariden) (Ins., Diptera) (mit 1 Textabbildung). S 3.—
- Schmitz H. S. J.: IV. Phoridae (Diptera) (mit 5 Textabbildungen und 3 Tafeln). S 18.10
- Priesner H.: V. Thysanoptera.
- Roudier A.: VI. Drei neue Curculioniden-Arten (Coleoptera) (mit 1 Textabbildung). S 10.—
- Denis J.: VII. Araneae (mit 23 Textabbildungen und 1 Tafel). S 31.50
- Scheller U.: VII. Symphyla. S 3.—

Kühnelt W.: Ergebnisse der Österreichischen Iran-Expedition 1949/50. Die Tenebrioniden Iran (mit 1 Tafel). S 33.20

Kühnelt W.: Weiß als Strukturfarbe bei Wüstentenebrioniden (mit einem Beitrag von C. Koch Pretoria) (mit 1 Tafel). S 8.60

Starmühlner F.: Ergebnisse der Österreichischen Island-Expedition 1955. Zur Individuendicht und Formänderung von Lymnaea peregra Müller in isländischen Thermalbiotopen (mit 7 Text abbildungen und 2 Tafeln). S 46.80

Starmühlner F.: Ergebnisse der Österreichischen Iran-Expedition 1949/50. Beiträge zur Kenntni der Molluskenfauna des Iran, und Edlauer A.: Konchyliologische Bestimmungen und Be schreibungen (mit 17 Textabbildungen, 3 Tafeln und 1 Beilage).

Tollmann A.: Die Mikrofauna des Burdigal von Eggenburg (Niederösterreich) (mit 2 Textabbil dungen 7 Tafeln und 2 Tabellen). S 45.90

Wettstein O.: Nachtrag zu meiner Nerpetologia aegaea (mit 2 Textabbildungen und 8 Tafeln) S 56.60

Wassermilben aus der Schwechat (Wienerwald)

Von KURT O. VIETS, Wilhelmshaven

Mit 20 Textabbildungen

(Vorgelegt in der Sitzung am 15. Jänner 1958)

Bei der hydrobiologischen Untersuchung der Schwechat durch Herrn Dr. F. STARMÜHLNER, Wien, wurde auch eine Reihe Arten der Hydrachnellae gefangen, deren Bearbeitung mir übertragen wurde. Für die liebenswürdige Überlassung des Materials habe ich Herrn Dr. STARMÜHLNER herzlich zu danken.

Insgesamt liegen 18 positive Fänge von 10 Fundorten vor, von denen 13 quantitativ (qu) jeweils von $^1/_{16}$ m² genommen wurden. Die erhaltenen Individuenzahlen sind für eine zahlenmäßige Auswertung der Wassermilben allein zu gering. Das Material enthält nur 63 Individuen, darunter 8 Nymphen. Von den 21 Arten sind aber einige recht interessant bzw. selten, so daß sich ihre Darstellung lohnt.

Der Sammler schreibt über die Schwechat folgendes: „Die Schwechat ist ein Wienerwaldbach, der südöstlich von Wien in einer Länge von 70 km (Quelle—Mündung in die Donau) verläuft. Der Bach entspringt im südwestlichen Wienerwald im Flyschgebiet (Schöpfl — 900 m), durchbricht zwischen den Orten Mayerling und Baden die Kalkzone des Wienerwaldes und erhält bei Baden den Zufluß von Thermalquellen (34°C). Bei Baden verläßt die Schwechat das Wienerwaldgebiet und strömt durch das Flachland des Wiener Beckens der Donau zu. Im letzten Abschnitt wird der Bach durch Abwässer stark verunreinigt und im Mündungsgebiet ist er durch den Zufluß einer Ölraffinerie fast azoisch."

A. Liste der Fänge.

(Die Arten sind mit ihrer Nr. bei den einzelnen Fängen vermerkt.)

1. Sign. SLa 3; I; 30. 8. 1956 (qu). Lammeraubach, 500 m nach der Quelle; Buchenmischwald, sehr schattig; Sandstein. T-Jahresm. = 11,7°C, p_H = 7—7,5. Ström. etwa 50 cm/sec. Arten: 16.

2a. Sign. SLa 1; I; 5. 9. 1956 (qu). Lammeraubach, 4 km nach der Quelle, vor Zusammenfluß mit dem Agsbach bei Klausen Leopoldsdorf; freies Wiesengelände; Sandstein. T-Jahresm. is 12,4°C, p_H = 6,7—7,7. Ström. Mitte 60 cm/sec.
Arten: 9, 12, 13, 20.

2b. Sign. SLa 1; II; 5. 9. 1956 (qu). Wie 2a.
Arten: 2, 4, 6.

2c. Sign. SLa 1; 5. 9. 1956 (nicht qu). Wie 2a.
Arten: 14.

3a. Sign. S 4; I; 28. 8. 1956 (qu). Agsbach, vor dem Zusammenfluß mit Lammerau-Riesenbach, vor Klausen-Leopoldsdorf. T-Jahresmittel = 8,9°C, p_H = 6,8—8,2. Ström. Mitte 60 cm/sec Sandstein.
Arten: 5, 11, 12, 14, 15, 17, 18, 19.

3b. Sign. S 4; II; 28. 8. 1956 (qu). Wie 3a.
Arten: 1.

4. Sign. S 7; 4. 10. 1955 (qu). Schwechat zwischen Mayerling und Sattelbach, Kalkgebiet, freiliegend, teilweise besonnt. T-Jahresmittel = 10,2°C, p_H = 6,8—8,2. Ström. Mitte 100—150 cm/sec
Arten: 11.

5a. Sign. S 8; I; 3. 7. 1956 (qu). Schwechat, Helenental beim Pegel; Kalkgebiet. T-Jahresm. = 9,3°C, p_H = 6,8—8,2. Ström. Mitte 100—125 cm/sec.
Arten: 8, 10.

5b. Sign. S 8; II; 3. 7. 1956 (qu). Wie 5a.
Arten: 10.

6. Sign. S 9; 22. 5. 1954. Ufer. Schwechat, im Ort Baden, bei der Josefsbrücke, einige hundert Meter nach dem Einfluß der Thermalquellen (34,5°C). Ufer künstlich verbaut. T-Jahresmittel = 15°C. (im Sommer bis fast 30°C ansteigend) p_H = 6,8—8,2. Ström. Mitte 40 cm/sec.
Arten: 7, 15.

7a. Sign. S 10; I; 28. 6. 1956 (qu). Schwechat, bei Traiskirchen jungquartär. Schotter. T-Jahresm. = 14°C, p_H = 6,9—7,8 Ström. Mitte bis 80 cm/sec.
Arten: 10.

7b. Sign. S 10; 22. 5. 1954 Ufer (nicht qu). Wie 7a.
Arten: 15.

8a. Sign. S 11; Drift 2 St. 1. 10. 1955 (qu). Schwechat, bei Guntramsdorf, jungquartär. Schotter. T-Jahresm. = 13,7°C p_H = 6,9—8,1. Ström. Mitte 50 cm/sec.
Arten: 15.

b. Sign. S 11; 1. 10. 1955 (nicht qu). Wie 8a.
Arten: 15.

a. Sign. S 15; I; 19. 8. 1956 (qu). Schwechat, vor dem Ort Schwechat, künstliches Bachbett mit Dämmen. T-Jahresm. = 11,5⁰C, p_H = 7—7,9. Ström. Mitte 50 cm/sec.
Arten: 7.

b. Sign. S 15; II; 19. 8. 1956 (qu). Wie 9a.
Arten: 3.

c. Sign. S 15; III; 19. 8. 1956 (nicht qu). Wie 9a.
Arten: 15.

0. Sign. S 18; 22. 9. 1955 (qu). Schwechat, bei Kaiser-Ebersdorf, a-mesosaprob. Geröll in Faulschlamm und Sand, jungquartär. Schotter. T-Jahresm. = 9,1⁰C, p_H = 6,5—7,8.
Arten: 6, 7, 11, 15, 21.

B. Systematische Ergebnisse.

Sperchoninae Wolcott 1905.

. *Sperchonopsis verrucosa* (Protz 1896).
FO: 3b (1 ♂).

. *Sperchon setiger* Thor 1898.
FO: 2b (1 ♂).

. *Sperchon clupeifer* Piersig 1896.
FO: 9b (1 ♂, 3 Ny).

Lebertiinae Wolcott 1905.

. *Lebertia (Lebertia) fimbriata* Thor 1899.
FO: 2b (1 ♂).

Das vorliegende ♂ wird mit dem von LUNDBLAD (1956b, S. 91) us Frankreich beschriebenen ♂ und mit ♂ Exemplaren aus dem larz (K. O. VIETS 1957d) verglichen.

	Schwechat ♂ Prp. 1611 μ	Frankreich ♂ LDBL. μ	Harz ♂ μ
örperlänge, ventral	ca. 810	825	875—1030
pimeren, Gesamtlänge	565	605	590— 671
. + 2. Epimeren, Medianlänge	298	320	299— 350
. Epimeren, Medianlänge	142	150	147— 176
. Epimeren, Medianlänge	156	170	152— 174
enitalklappen, Länge	157	160	159— 176
enisgerüst, Länge	220	—	215— 235
axillarbucht, Länge	126	—	139— 162
axillarbucht, mittlere Breite	73	—	74— 78
axillarorgan, Länge	206	214	—
alpen, Gesamtlänge	309	312	304— 334

	Schwechat ♂ Prp. 1611 %	Frankreich ♂ LDBL. %	Harz ♂ %
Palpenglieder in % der Gesamtlänge P I....	9,4	9,6	9,4— 10,
Palpenglieder in % der Gesamtlänge P II...	25,2	25,6	25,5— 26,
Palpenglieder in % der Gesamtlänge P III..	25,2	25,0	24,5— 25,
Palpenglieder in % der Gesamtlänge P IV ..	29,1	28,8	28,7— 29,
Palpenglieder in % der Gesamtlänge P V ...	11,0	10,9	9,9— 10,
1. + 2. Epim. in % der Epim.-Gesamtlänge ..	52,7	52,9	50,7— 52,
1. Epim.-Med.lg. in % der 2. Epim.-Med.lg. .	91,1	88,3	90,6—101,

Das Exemplar aus der Schwechat ist etwas kleiner als di übrigen. Die Werte stimmen sonst gut überein.

5. *Lebertia (Lebertia) pusilla* Koenike 1911.
FO: 3a (1 ♂).

Auch dieses Exemplar wird mit ♂-Stücken aus dem dem Har und mit LUNDBLADS ♂-Individuum aus der Schweiz vergliche (LUNDBLAD 1956b, S. 85—86).

	♂ Schwechat Prp. 1607 μ	♂ Schweiz LDBL. μ	♂ Harz μ
Körperlänge, ventral........................	ca. 687	707	600—70
Epimeren, Gesamtlänge	453	—	460—54
1. + 2. Epimeren, Medianlänge	260	—	264—30
1. Epimeren, Medianlänge	132	—	118—14
2. Epimeren, Medianlänge	128	—	137—15
Genitalklappen, Länge	103	122	108—11
Maxillarbucht, Länge	88	—	98—12
Maxillarbucht, mittlere Breite.............	57	—	52— 5
Maxillarorgan, Länge	155	175	147—165
Palpe, Gesamtlänge.........................	231—232	247	229—258
	%	%	%
Palpenglieder in % der Gesamtpalpenlänge P I	9,9—10,8	10,9	9,4—10,
Palpenglieder in % der Gesamtpalpenlänge P II	24,6—24,7	24,7	23,5—25,
Palpenglieder in % der Gesamtpalpenlänge P III	23,8—24,6	25,1	24,6—25,
Palpenglieder in % der Gesamtpalpenlänge P IV	29,9—30,6	29,2	30,4—31,
Palpenglieder in % der Gesamtpalpenlänge P V	10,3—10,8	10,1	9,8—10,
1. + 2. Epimeren in % der Epimeren-Gesamtlänge	57,4	—	55,7—58,
1. Epimeren in % der 2. Epimeren-Medianlänge	103	—	80,8—97,

Beide Palpen des Tieres wurden gemessen. Die Überein stimmung der Werte ist gut.

6. *Lebertia (Pilolebertia) porosa* Thor 1900.
FO: 2b (1 ♂, Prp. 1610); 10 (1 ♂, Prp. 1621).

Die Art ist recht variabel. Sie wird von LUNDBLAD (1956b S. 127, 128—129) der älteren Art *L. insignis* untergeordnet. Di beiden Exemplare werden durch die folgenden Maßangaben charakterisiert und mit ♂-Individuen aus Harzbächen (K. O. VIETS, 1957d) verglichen.

	♂ Schwechat Prp. 1610	♂ Schwechat Prp. 1621	♂ Harz
	μ	μ	μ
Körperlänge, ventral	ca. 1200	1100	1050—1250
Epimeren, Gesamtlänge	790	773	805— 905
1. Epimeren, Medianlänge	193	216	216— 255
2. Epimeren, Medianlänge	177	162	177— 206
Genitalklappen, Länge	230	201	206— 235
Penisgerüst, Länge	348	323	345— 377
Maxillarbucht, Länge	230	198	230— 245
Maxillarbucht, mittlere Breite	118	113	116— 125
Maxillarorgan, Länge	289	270	240— 299
	%	%	%
Palpenglieder in % der Gesamtpalpenlänge P I	8,2	7,1	7,3— 7,8
Palpenglieder in % der Gesamtpalpenlänge P II	28,1	28,4	27,4—29,6
Palpenglieder in % der Gesamtpalpenlänge P III	23,1	23,2	21,5—22,5
Palpenglieder in % der Gesamtpalpenlänge P IV	31,0	32,0	31,8—32,8
Palpenglieder in % der Gesamtpalpenlänge P V	9,7	9,3	8,9—10,0
1. + 2. Epim. in % der Epim.-Gesamtlänge	46,8	48,9	47,1—50,2
1. Epim. in % der 2. Epim.-Medianlänge	109	133	107—132

Vergleicht man die Werte untereinander und auch mit denen von Tieren aus Holstein (K. O. VIETS 1956b, S. 296—298), so zeigt sich eine recht gute Übereinstimmung. M. E. lassen sich die variablen *Pilolebertia*-Arten nur durch viele Maßvergleiche bestimmen. Ob physiologische Unterschiede zwischen See- und Bachformen bestehen, ist bisher nicht bekannt.

7. *Lebertia (Pilolebertia) inaequalis* (Koch 1837).
FO: 6 (1 ♀); 9a (4 ♂♂, 1 Ny); 10 (2 ♂♂).

Ich schließe mich auch hier LUNDBLADS Auffassung von der Einbeziehung einer ganzen Reihe sehr ähnlicher „Arten" zur ältesten Art KOCHS an. LUNDBLAD (1956b, S. 129—130) hat zuletzt *L. inaequalis* ausführlich diskutiert. Die Art unterscheidet sich von *L. porosa* besonders durch die Gestalt und Länge des P III, durch die Stellung der Beugeseitenporen am P IV und die Stellung der distalen Dorsalborsten am P II. Das P III ist schlank und erreicht fast oder ganz die Länge des P II, während es bei *L. porosa* stets kürzer ist. Von den Beugeseitenporen des P IV befindet sich die proximale etwa in Gliedmitte, die andere weit distal. Die distalen Dorsalborsten des P II sind meistens mehr oder weniger nebeneinander, etwas abgerückt von der Dorsalecke des Gliedes inseriert Sie können in ihrer Stellung auch etwas variieren, sind aber nich so weit von der Ecke und voneinander entfernt wie bei *L. porosa* Auch die Form des P II wechselt. Formen mit stärker vorgewölbte Dorsalseite kommen gelegentlich vor, wie sie auch Lundbla (l. c. Fig. 64B) beschreibt. Über den Schwimmhaarbesatz der Bein hat sich Lundblad ebenfalls ausführlich geäußert. Auch bei diese Art wird es für dringend erforderlich gehalten, die Individue durch Maßangaben zu charakterisieren und mit Lundblads gu beschriebenen Einzelexemplaren (♂ aus Deutschland, ♀ au Frankreich; l. c. S. 131—133) zu vergleichen.

	6 ♂ Schwechat μ	1 ♂ Ldbl. μ	1 ♀ Schwechat μ	1 ♀ Ldbl. μ
Körperlänge, ventral	830—1130	940	1220	1050
Epimeren, Gesamtlänge	565— 730	672	742	655
1. Epimeren, Medianlänge	152— 216	186	196	171
2. Epimeren, Medianlänge	103— 187	114	172	161
Genitalklappen, Länge	147— 186	200	190	164
Maxillarbucht, Länge	147— 177	—	190	—
Maxillarorgan, Länge	220— 250	—	255	232
Palpen, Gesamtlänge	343— 438	433	445	385
Palpenglieder in % d. Gesamtpalpenlg.:	%	%	%	%
P I	6,1— 8,1	6,9	7,1	7,5
P II	26,0— 27,3	25,4	26,0	23,9
P III	24,6— 27,2	25,4	27,6	27,3
P IV	30,0— 34,5	33,7	31,0	32,7
P V	7,2— 8,5	7,9	8,4	8,6
1. + 2. Epim. in % der Epim.-Gesamtlg.	44,7— 52,3	44,6	49,6	50,7
1. Epim. in % der 2. Epim.-Medianlänge	102—162	163	114	106

Lebertia sp.
FO: 2a (1 Ny, nicht bestimmbar).

Torrenticolinae Monti 1910.

8. *Torrenticola brevirostris* (Halbert 1911).
FO: 5a (1 ♂, 1 ♀).

Von den beiden Exemplaren des Materials entspricht das ♂ (Prp. 1614) ausgezeichnet dem von Lundblad (1956b, S. 153—154, Fig. 77A—G, Taf. 49, Fig. 234—235) aus Frankreich beschriebenen ♂. Das ♀ (Prp. 1613) ist gering größer als das französische ♀ Lundblads. Die Tiere weisen die folgenden Maße auf:

	♂ Prp. 1614	♀ Prp. 1613	♂ Ldbl.	♀ Ldbl.
	μ	μ	μ	μ
'entrale Länge (+ Epimeren)	779	963	784	873
naximale Breite	575	676	—	—
Iauptrückenschild, Länge	598	741	586	687
Iauptrückenschild, Breite	505	620	508	586
'orderes Teilschild, Länge	137	154	136	147
ıinteres Teilschild, Länge	188	215	186	207
lückenpanzer, Gesamtlänge	642	800	640	738
Iaxillarbucht, Länge	137	161	139	160
Iaxillarbucht, mittlere Breite	83	94	—	—
. Epimeren, Medianlänge	156	159	165	169
:. + 3. Epimeren, Medianlänge	98	39	90	29
Abstand Maxillarbucht—Genitalorgan	254	198	255	182
Genitalorgan, Länge	184	222	175	189
Genitalorgan, Breite	147	190	146	176
Iaxillarorgan, Länge	265	300	271	286
Iandibel, Länge	290	335	307	330
'alpenglieder: P I	30	—	28	31
P II	78	90	85	92
P III	62	67	62	63
P IV	93	101	90	100
P V	24	30	28	31

. *Torrenticola anomala* (Koch 1837).
FO: 2a (1 ♂).

.0. *Torrenticola barsica* (Szalay 1933).
FO: 5a (1 ♂, 1 ♀); 5b (1 ♀); 7a (2 ♀♀).
Die Art ist nur dreimal beschrieben worden:
Szalay 1933b (S. 171—173, Fig. 1—3), ♀ Typus, Ungarn.
Angelier, E. 1954c (S. 107—110, Fig. 36—40), ♂, ♀, Corsica.
Lundblad 1956b (S. 158—159, Fig. 80 A—H; Taf. 50, Fig. 239), ♂, ♀, Frankreich, Spanien.

Alle Beschreibungen differieren etwas voneinander. Es läßt ich bisher m. E. nicht übersehen, wie *T. barsica* zu anderen ähnichen *Torrenticola*-Arten steht, und ob sie nicht mit einer der nicht icher umschriebenen Arten zusammengehört. Über die Variabilität ler Merkmale von *Torrenticola*-Arten ist wenig bekannt. Auch .undblad (l. c. S. 159) schreibt: „Weitere Untersuchungen sind rforderlich, um die Artberechtigung dieser und anderer Formen u klären."

1 ♂, 4 ♀♀ aus der Schwechat werden zu *Torrenticola barsica* ;estellt. Sie weichen in ihren Maßen untereinander und von den ı der Literatur verfügbaren Angaben etwas ab. Ein ♀ (Prp. 1588) ntspricht recht gut Szalays Typus-♀. Der Exkretionsporus liegt ıier deutlich vor den benachbarten Glandularia. Ein anderes ♀

(Prp. 1601) entspricht besser LUNDBLADS Exemplar aus Spanien. Der Exkretionsporus ist nur gering vorwärts gelagert. Er kann aber auch zwischen den Glandularia liegen (♀ Prp. 1615, ♂ Prp. 1612), wie das ebenso bei LUNDBLADS ♂ aus Frankreich der Fall ist. Die Maße von 4 Tieren aus der Schwechat sind in der folgenden Liste zusammengefaßt.

	♀ Prp. 1588 μ	♀ Prp. 1601 μ	♀ Prp. 1615 μ	♂ Prp. 161[2] μ
ventrale Länge	828	842	867	740
maximale Breite	—	573	593	508
Hauptrückenschild, Länge[1]	596	631	671	582
Hauptrückenschild, Breite	466	497	510	440
vorderes Teilschild, Länge	132	145	137	123
hinteres Teilschild, Länge	186	190	197	185
Rückenpanzer, Gesamtlänge	647	671	710	617
Maxillarbucht, Länge	159	171	174	143
Maxillarbucht, mittlere Breite	93	100	106	86
1. Epimeren, Medianlänge	135	172	155	151
2. + 3. Epimeren, Medianlänge	51	29	41	108
Abstand Maxillarbucht—Genitalorgan	186	201	196	259
Genitalorgan, Länge	175	183	189	139
Genitalorgan, Breite	160	177	172	104
Maxillarorgan, Länge	—	353	323	290
Mandibel, Länge	403	416	375	333
Palpenglieder: P I	38	38	32	32
P II	116	119	105	95
P III	68	69	62	54
P IV	100	109	96	85
P V	20	21	20	22

11. *Torrenticola ungeri* (Szalay 1927) (Abb. 1—4).

FO: 3a (1 ♂); 4 (1 ♀); 10 (1 ♀).

Die letzte ausführliche Beschreibung von *T. ungeri* lieferte LUNDBLAD (1956b, S. 161—162, Fig. 82A—F; Taf. 50, Fig. 241). Seine dort vertretene Auffassung, daß das ♂ der von VIETS (1930d, S. 374) beschriebenen Art *T. lundbladi* zu *T. ungeri* gehört, halte ich gleichfalls für richtig. Ich konnte das betreffende Exemplar jetzt erneut untersuchen und die Identität feststellen. Die Tiere aus der Schwechat sind in allen Merkmalen typisch. Beide Geschlechter besitzen einige — meist 2 — deutliche Höcker an der Ventralseite des P IV, die in ihrer Form allerdings variieren (vgl. Abb. 1 u. 2). Die proximale Beugeseite des P IV ist beim ♂ und ♀ fein gezähnelt. Dazu kommt als typisch der reichliche Haarbesatz der Epimeren und die abweichende Lage der Drüsenmündung, die von den 1. Epimeren nach rückwärts an die Grenze zwischen

[1] Die Länge des Hauptrückenschildes für LUNDBLADS ♂ (l. c. S. 159) ist vermutlich um 100 μ zu niedrig angegeben.

:. und 3. Epimeren verlagert ist. Das dunkle Querband auf dem Iauptrückenschild ist bei den beiden mir jetzt vorliegenden ♀♀ ypisch, während es beim ♂ abweichend nach vorn verlängert ist.)ie Maße der Tiere sind die folgenden.

	♂ Prp. 1604	♀ Prp. 1616	♀ Prp. 1618
	μ	μ	μ
entrale Länge	800	880	888
ıaximale Breite	588	660	663
Iauptrückenschild, Länge	654	725	779
Iauptrückenschild, Breite	523	573	568
orderes Teilschild, Länge	142	152	154
ückenpanzer, Gesamtlänge	688	752	813
Iaxillarbucht, Länge	151	174	188
.bstand Maxillarbucht—Genitalorgan	228	201	185
. Epimeren, Medianlänge	162	167	176
. + 3. Epimeren, Medianlänge	66	34	9
enitalorgan, Länge	176	194	204
enitalorgan, Breite	132	170	176
enitalklappen, Länge	167	186	198
Iaxillarorgan, Länge	343	363	365
Iandibel, Länge	397	426	431
'alpenglieder: P I	46	49	50
P II	116	118	127
P III	68	72	74
P IV	111	114	125
P V	23	22	26

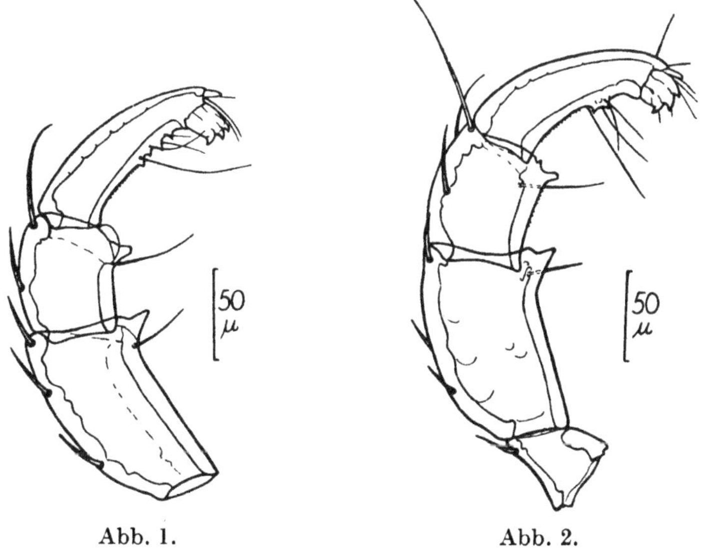

Abb. 1. Abb. 2.

Abb. 1. *Torrenticola ungeri* ♂, Palpe links (Prp. 1604. FO: 3a).
Abb. 2. *Torrenticola ungeri* ♀, Palpe links (Prp. 1616. FO: 4).

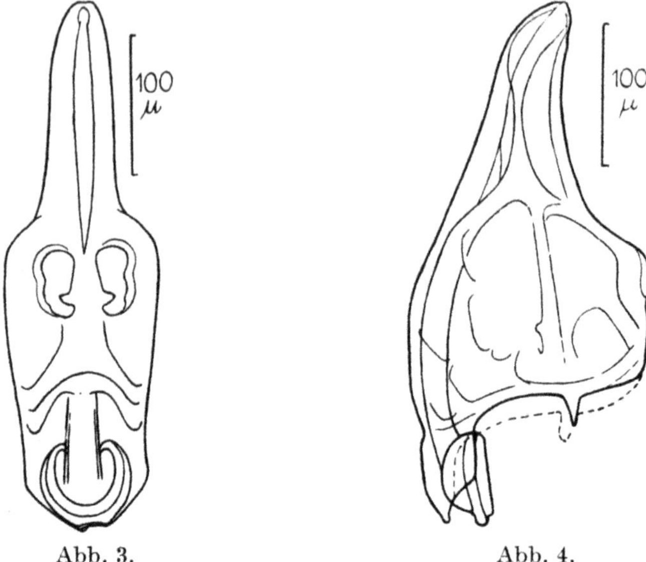

Abb. 3. Abb. 4.

Abb. 3. *Torrenticola ungeri* ♀, Maxillarorgan (Prp. 1616. FO: 4).
Abb. 4. *Torrenticola ungeri* ♀, Maxillarorgan (Prp. 1616. FO: 4).

Torrenticola ungeri wurde bisher an folgenden Stellen in de Literatur genannt:

SZALAY 1927b (S. 73—75; 114—115; Fig. 2, 3a—b), ♂ Ungarn.
VIETS 1930d (S. 374; Fig. 79, 81, 83, Taf. 15), ♂ Spanien, syn. *T. lundbladi* ♂.
SZALAY 1933c (S. 203—205; Fig. 4—6), ♀ Ungarn.
VIETS 1936b (S. 367), ♂ Jugoslawien.
ANGELIER E. 1953b (S. 57, 124), ? Frankreich.
ANGELIER E. 1954c (S. 131—134; Fig. 71—75), ♂, ♀ Corsica.
LASKA 1954d (S. 279—280; Fig. 11a—e), ♂, ♀ Tschechoslowakei.
LUNDBLAD 1956b (l. c.), ♂, ♀ Frankreich; ♂ Spanien.

Dazu kommt *Torrenticola ungeri disparilis* Walter 194 (S. 154—155, Fig. 4a—c) in einem ♂ aus Rumänien.

VIETS' jugoslawisches Exemplar und ANGELIERS Tiere au Frankreich wurden nicht im einzelnen beschrieben. Von LASKA Individuen liegen praktisch nur Abbildungen vor. ANGELIER (1954c macht als einziger einige wenige Angaben über die Variabilität de Maße beider Geschlechter. Erneut untersucht wurden jetzt di beiden ♂♂ aus der Sammlung meines Vaters (Prp. 3887 ♂ Spanien Prp. 5048 ♂ Jugoslawien). Dabei stellte sich heraus, daß für da spanische Exemplar die Maße des Genitalorgans versehentlich z groß angegeben sind (l. c. S. 374). Sie müssen lauten 154:129 μ nicht 305:256 μ, was zu berichtigen ist. Für alle früher beschrie benen und die jetzt neu untersuchten Exemplare der Art (6 ♂♂

5 ♀♀) wird, soweit Zahlen vorliegen, in der folgenden Liste die Variabilität der Maße zusammengestellt. Die entsprechenden Werte für WALTERS Art *T. ungeri disparilis* sind dabei in () angegeben.

		♂	♀	♂ disparilis
		μ	μ	μ
ventrale Länge		684—800	880—934	(826)
maximale Breite		500—588	650—663	(592)
Hauptrückenschild, Länge		543—654	660—779	(514)
Hauptrückenschild, Breite		449—523	567—588	(—)
vorderes Teilschild, Länge		90—146	150—168	(—)
Rückenpanzer, Gesamtlänge		572—688	750—813	(686)
Maxillarbucht, Länge		115—151	150—190	(175)
Abstand Maxillarbucht—Genitalorgan		200—239	185—201	(—)
1. Epimeren, Medianlänge		130—171	167—180	(—)
2. + 3. Epimeren, Medianlänge		57— 74	9— 50	(90)
Genitalorgan, Länge		145—170	180—204	(180)
Genitalorgan, Breite		116—132	160—176	(140)
Maxillarorgan, Länge		313—350	363—405	(360)
Mandibel, Länge		374—420	426—490	(—)
Palpen, Gesamtlänge		286—364	366—402	(385)
		%	%	%
Palpenglieder in % der Gesamtpalpenlänge	P I	11,4—12,6	9,0—13,1	(13,0)
	P II	31,9—35,8	31,5—35,4	(31,2)
	P III	17,3—20,3	18,4—20,2	(18,2)
	P IV	29,1—30,8	29,7—34,0	(31,2)
	P V	4,2— 6,3	4,6— 6,5	(6,5)
P III-Länge in % der P II-Länge		48,3—59,7	51,6—64,1	(58,4)
P IV-Länge in % der P II-Länge		82,3—95,7	80,8—106,8	(100,0)

Bei *Torrenticola ungeri disparilis* handelt es sich also um ein ♂, das gering größer ist als das jetzt in der Schwechat gefundene ♂. Die von WALTER betonten Maßunterschiede in den Palpengliedern — bei *ungeri* P IV kürzer als P II, bei *disparilis* P IV und P II gleich lang — fallen nicht ins Gewicht. Bei SZALAYS ♀ soll das P IV sogar noch etwas länger als das P II sein. Abgesehen von der Variabilität der Längenmaße sind die erhaltenen Werte von der Art der Messung abhängig. Die Meßfehler pflegen bei etwa ± 3 μ zu liegen. Die von WALTER erwähnten kurzen Gelenkscheiden am P II und P III sind auch bei der Hauptart vorhanden. Sie sind beim 3. Glied größer als beim P II, insgesamt gesehen aber sehr kurz, besonders wenn man mit den Verhältnissen z. B. bei *T. stadleri* vergleicht. Das P III kann ventral ähnlich wie das P IV gezähnelt sein, nur feiner und darum nicht so auffällig. Eines meiner Exemplare zeigt das gleichfalls deutlich (vgl. Abb. 2). Ich kann schließlich auch keinen Unterschied in der Lage der nach rückwärts verlagerten Drüsenporen finden. Der von WALTER für *T. ungeri disparilis* vermerkte abweichende Ort in den 3. Epimeren wird nur vorgetäuscht durch die bei den Tieren etwas wechselnde Form und Länge der Sutur zwischen den 2. und 3. Epimeren. Au allem läßt sich nur folgern, das *T. ungeri disparilis* mit *T. unger* identisch ist.

12. *Torrenticola andrei* (E. Angelier 1950) (Abb. 5—9).
FO: 2a (1 ♂); 3a (1 ♂).

Die Art ist recht selten. ANGELIER machte sie in beiden Geschlechtern aus Frankreich (Pyrenäen) bekannt (1950a, S. 85—88 Fig. 1—5, 14). Er fand die Art gleichfalls in Corsica (1954c). LASK (1953a, S. 283, Fig. 1a—c) nennt 1 ♀ aus der Slowakei und LUNDBLAD (1956b, S. 160—161, Fig. 81A—C) 1 ♂ aus Spanien. Dazu kommen jetzt 2 ♂ aus der Schwechat.

Der Körper der Tiere ist langgestreckt (vgl. Abb. 5). Der Quotient $\frac{\text{ventrale Länge} \times 100}{\text{Körperbreite}}$ beträgt bei dem einen Exempla 177%, bei dem anderen 186%. ANGELIER (1954c, S. 122) gibt selbst 152—178% an. Die vorliegenden ♂ werden durch die folgenden Maße charakterisiert.

	♂ Prp. 1589 μ	♂ Prp. 1605 μ
ventrale Körperlänge	750	725
Hauptrückenschild, Länge	619	593
Hauptrückenschild, Breite	351	328
vorderes Teilschild, Länge	103	112
hinteres Teilschild, Länge	202	188
Rückenpanzer, Gesamtlänge	653	627
Maxillarbucht, Länge	122	118
Maxillarbucht, mittlere Breite	75	72
1. Epimeren, Medianlänge	147	145
2. + 3. Epimeren, Medianlänge	165	157
Abstand Maxillarbucht—Genitalorgan	312	302
Genitalorgan, Länge	127	118
Genitalorgan, Breite	89	86
Genitalklappen, Länge	122	112
Maxillarorgan, Länge (einschließlich Phar.)	284	266
Mandibel, Länge	353	—
davon mißt die Klaue allein	137	—
Palpenglieder: P I	38	37
P II	119	118
P III	63	57
P IV	105	104
P V	21	20

Im ganzen zeigt sich eine recht gute Übereinstimmung zwischen den jetzt gefundenen und den früher beschriebenen ♂ der Art.

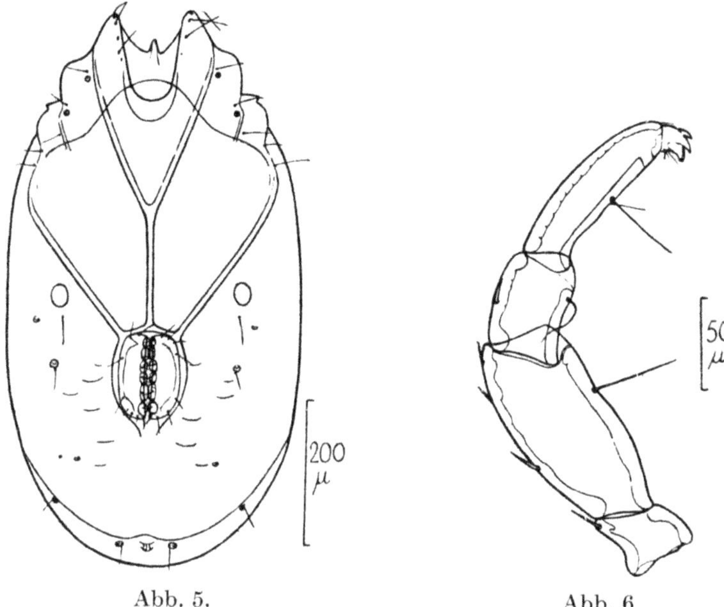

Abb. 5. *Torrenticola andrei* ♂, Ventralseite (Prp. 1589. FO: 2a).
Abb. 6. *Torrenticola andrei* ♂, Palpe rechts (Prp. 1605. FO: 3a).

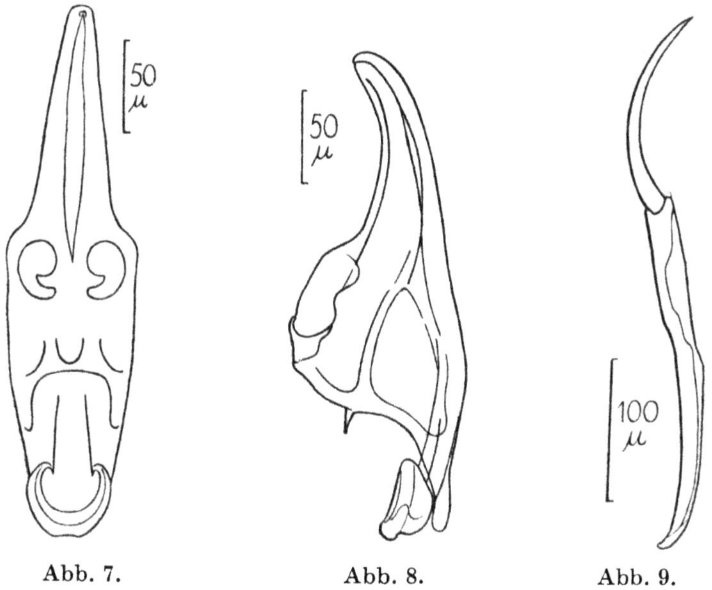

Abb. 7. *Torrenticola andrei* ♂, Maxillarorgan (Prp. 1605. FO: 3a).
Abb. 8. *Torrenticola andrei* ♂, Maxillarorgan (Prp. 1605. FO: 3a).
Abb. 9. *Torrenticola andrei* ♂, Mandibel (Prp. 1589. FO: 2a).

13. *Torrenticola madritensis* (Viets 1930) (Abb. 10—15).
FO: 2a (3 ♂).

Die Art ist aus Spanien, Frankreich (+ Corsica), Ungarn un Rumänien bekannt. Das ♂ Geschlecht wurde bisher nur zweima genauer beschrieben, und zwar von VIETS (1930d, S. 371—373 Taf. 14, Fig. 75; Taf. 15, Fig. 76—77) und von LUNDBLAD (1956b S. 172—174, Fig. 90A—G; Taf. 52, Fig. 250—251). Das kleinste de 3 jetzt gefundenen ♂ entspricht in seiner Größe etwa LUNDBLAD Exemplar, während VIETS' Typus kleiner ist. Die folgende List gibt eine Übersicht über die Maße der 3 österreichischen ♂.

	♂ Prp. 1593	♂ Prp. 1590	♂ Prp. 159
	μ	μ	μ
ventrale Länge	853	897	936
maximale Breite	583	578	617
Hauptrückenschild, Länge	657	667	690
Hauptrückenschild, Breite	529	510	578
vorderes Teilschild, Länge	124	122	138
hinteres Teilschild, Länge	206	203	227
gesamter Rückenpanzer, Länge	706	735	764
Maxillarbucht, Länge	149	156	159
1. Epimeren, Medianlänge	135	131	153
2. + 3. Epimeren, Medianlänge	86	94	103
Abstand Maxillarbucht—Genitalorgan	221	225	256
Genitalorgan, Länge	173	177	182
Genitalorgan, Breite	117	118	115
Maxillarorgan, Länge	192	202	213
Mandibel, Länge	196	200	210
Palpenglieder: P I	24	24	27
P II	60	59	63
P III	37	40	43
P IV	56	58	61
P V	33	31	33
	%	%	%
ventrale Länge in % der Breite	146	155	152
Hauptrückenschild, Länge in % Breite	124	131	120
hinteres Teilschild, Länge in % vord. Teilschild	166	166	166
1. Epim. Medianlänge in % 2. + 3. Epim. Med.lg.	157	141	149
Genitalorgan, Länge in % der Breite	148	150	158
P III Länge in % P II Länge	61,7	67,8	66,7
P IV Länge in % P II Länge	93,4	98,4	96,1

Vergleicht man die Zahlen mit den von E. ANGELIER (1954c S. 127) für *Torrenticola stadleri* ♂ bekannt gegebenen Werten so zeigt sich, daß *T. stadleri* größer ist als *T. madritensis*, di letztere ist dagegen schlanker (vgl. Abb. 10—11). Das ergib sich aus dem Quotienten der Körperform wie dem des Rücken

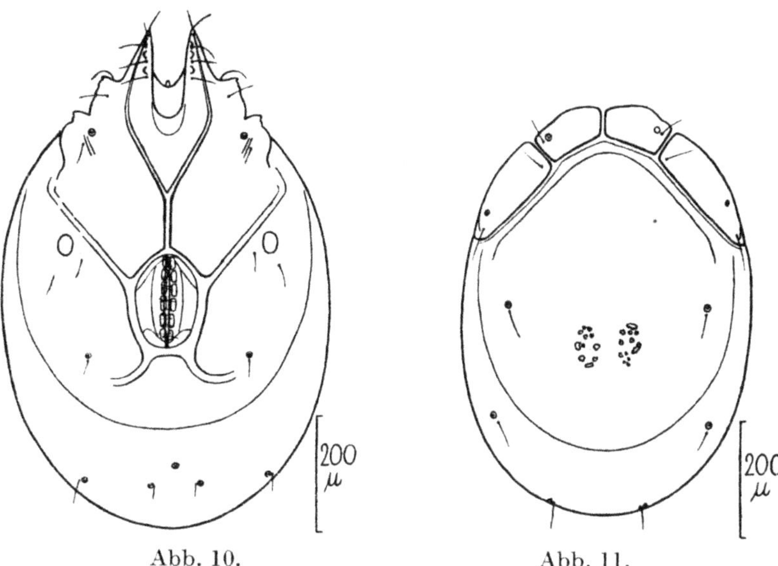

Abb. 10. Abb. 11.

Abb. 10. *Torrenticola madritensis* ♂, Ventralseite (Prp. 1593. FO: 2a).
Abb. 11. *Torrenticola madritensis* ♂, Dorsalseite (Prp. 1593. FO: 2a).

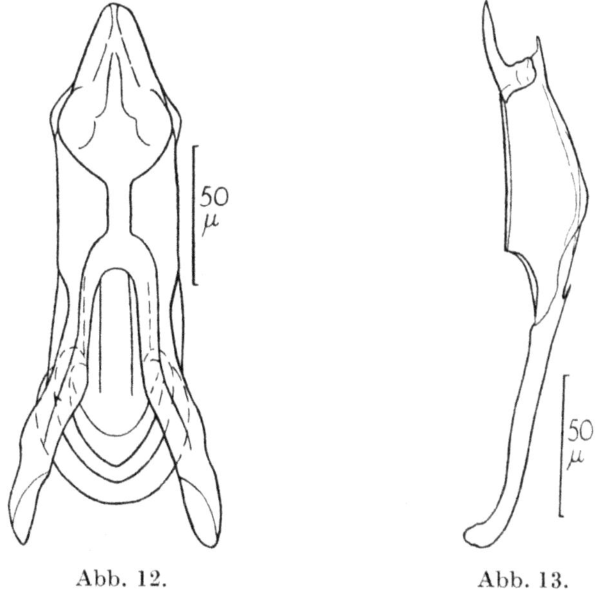

Abb. 12. Abb. 13.

Abb. 12. *Torrenticola madritensis* ♂, Maxillarorgan (Prp. 1593. FO: 2a).
Abb. 13. *Torrenticola madritensis* ♂, Mandibel (Prp. 1593. FO: 2a).

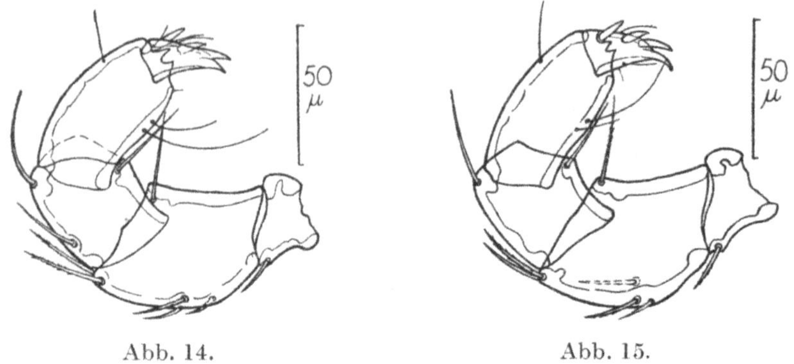

Abb. 14. Abb. 15.

Abb. 14. *Torrenticola madritensis* ♂, Palpe rechts (Prp. 1592. FO: 2a).
Abb. 15. *Torrenticola madritensis* ♂, Palpe links (Prp. 1592. FO: 2a).

schildes. Während bei *T. stadleri* das P IV kürzer als das P II is erreicht es bei *T. madritensis* die Länge des P II oder ist nur seh gering kürzer (die Differenzen liegen ± innerhalb des Meßfehler (vgl. Abb. 14—15). Neben diesen Maßunterschieden ist *T. madri tensis* gegenüber *T. stadleri* durch die sehr spitz ausgezogene Vorder spitze der 1. Epimeren, die in einen sehr kurzen, ventralwärt weisenden Haken ausläuft, und im ♂ Geschlecht durch die groß Penisblase ohne basale Häkchen ausgezeichnet, Merkmale, auf di zuerst LUNDBLAD hingewiesen hat.

Eine Reihe von *T. madritensis* sehr ähnlichen Arten ist in de Literatur beschrieben worden, die hier kurz diskutiert werde sollen.

Die älteste dieser Arten ist *Torrenticola carpatica* (Soare 1939). Die Erstbeschreibung (SOAREC 1939, S. 368) ist sehr kur gehalten und unzureichend. Eine ausführliche Diagnose beide Geschlechter folgte später (SOAREC 1942, S. 92—95. Taf. 14, Fig. 7 bis 82; Taf. 15, Fig. 83—88). SZALAY hat dann (1947, S. 295—296 1 ♂ von *T. madritensis* aus Ungarn mit dem ♂ von *T. carpatica* un dem Typus-♂ der Art von VIETS verglichen. Er hält beide Forme für identisch, was von LUNDBLAD (1956b, S. 172) als „vermutlic richtig" bezeichnet wird. Durch erneuten Vergleich der Diagnose von *T. carpatica* mit den jetzt gefundenen Individuen komme ic gleichfalls zu der Auffassung, daß es sich bei *T. carpatica* un *T. madritensis* handelt.

HALBERT beschrieb 1944 gleich 2 *Torrenticola*-Arten aus Irland die *T. madritensis* sehr ähnlich sind: *T. parvipalpis* ♂ (HALBER 1944, S. 72, 75. Taf. 11, Fig. 26) und *T. robusta* ♀ (ibid. S. 72, 74 Taf. 11, Fig. 25). Das *T. robusta* ♀ besitzt ähnliche Maße wie da von Angelier (1950a, S. 90—91) beschriebene ♀ von *T. madritensis*. Trotz der nicht ausreichenden Diagnosen und Abbildungen Halberts halte ich beide „Arten“ für identisch mit *T. madritensis*, deren nahe Verwandtschaft Halbert selbst betont.

Von Walter (1947, S. 155—159, Fig. 5a—k) wurde mit ? die Art *Torrenticola unguiculata* aufgestellt. Der Autor gibt an, daß sie *T. carpatica* sehr nahesteht. In den Größenverhältnissen liegt das Tier (♀) etwa zwischen dem *T. carpatica* ♀ Soarecs und dem *T. madritensis* ♀, das Lundblad (1956b, S. 174) aus Frankreich beschrieben hat. Ich halte auch diese Form für *Torrenticola madritensis*.

Schließlich beschrieb Szalay (1947, S. 296—299, Fig. 4a—b, 5a—b) ein juveniles ♂ aus Ungarn als neue Art *Torrenticola consors*. Er vermutet, daß die Art „eventuell eine jugendliche Form“ von *T. madritensis* darstellt. Ich kann mich dieser Meinung nur anschließen.

Meiner Ansicht nach sind also zu *Torrenticola madritensis* synonym zu setzen:

T. carpatica (Soarec 1939)
T. robusta (Halbert 1944)
T. parvipalpis (Halbert 1944)
T. unguiculata (Walter 1947)
T. consors (Szalay 1947).

Torrenticola sp.
FO: 2a (1 Ny); 3b (2 Ny); nicht bestimmbar.

Hygrobatinae Claus 1880.

14. *Hygrobates calliger* Piersig 1896.
FO: 2c (1 ♂); 3a (1 ♂).

15. *Hygrobates fluviatilis* (Ström 1768).
FO: 3a (1 Ny); 6 (3 ♂, 3 ♀); 7b (2 ♂, 2 ♀); 8a (1 ♂); 8b (1 ♀); 9c (1 ♂, 1 ♀); 10 (1 ♂, 1 ♀).

Atractidinae Oudemans 1941.

16. *Atractides tener* (Thor 1899).
FO: 1 (1 ♀).

17. *Atractides mitisi* (Walter 1944) (Abb. 16—18).
FO: 3a (1 ♀).

Die Art wurde von Walter (1944, S. 320—322; Fig. 59—61) nach 2 ♀ aus der Ybbs (Österreich) aufgestellt. Sie wurde ein zweites Mal von Lundblad (1956b, S. 210—211; Fig. 113A—E) aus

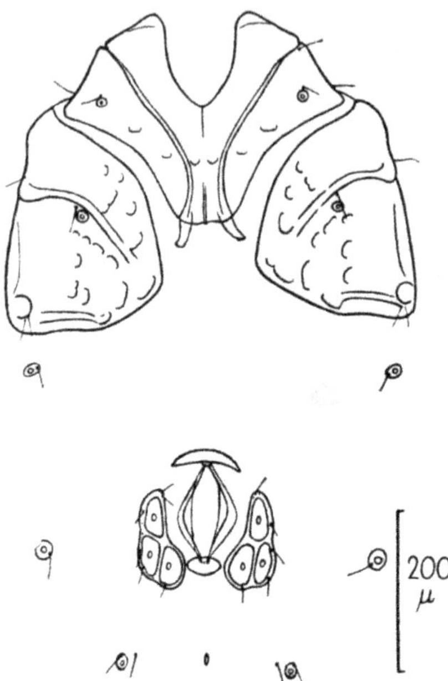

Abb. 16. *Atractides mitisi* ♀, Ventralseite (Prp. 1606. FO: 3a).

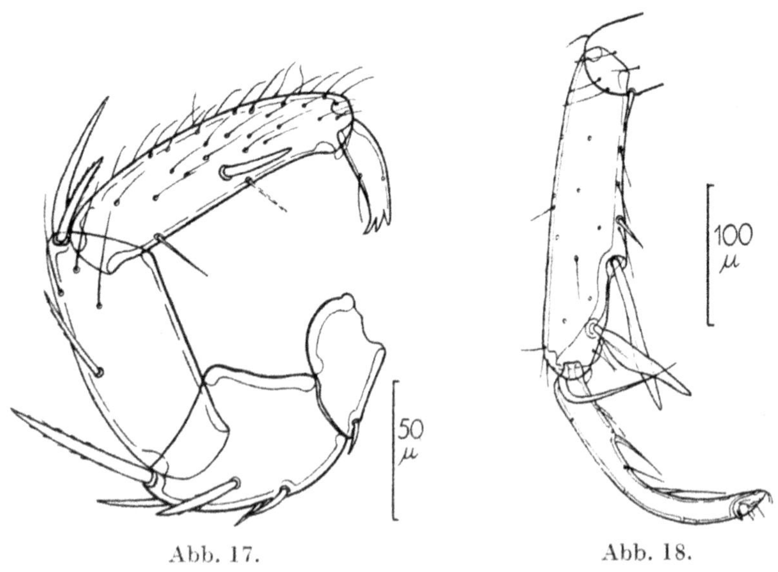

Abb. 17. *Atractides mitisi* ♀, Palpe links (Prp. 1606. FO: 3a).
Abb. 18. *Atractides mitisi* ♀, I. Bein 5/6 links (Prp. 1606. FO: 3a).

2 Bächen in Österreich und aus Spanien beschrieben. Das ♂ ist bisher nicht bekannt.

Das vorliegende ♀ ist 880 μ lang (vgl. Abb. 16). Die Haut ist deutlich liniiert. Die Palpenglieder messen an dorsaler Länge:

rechte Palpe P I—V: 35 — 75 — 98 — 114 — 39 μ
linke Palpe P I—V: 37 — 78 — 93 — 114 — 39 μ.

Der Besatz der Palpe (vgl. Abb. 17) entspricht dem des Typus. Größe, Lage und Form der Epimeren und des Genitalorgans (Abb. 16) gleichen ebenfalls den Verhältnissen bei Walters Exemplar.

Die Genitalspalte einschließlich Stützkörper ist 154 μ lang. Die Länge der Genitalplatten beträgt 122 μ. Der Exkretionsporus ist spaltartig. Er liegt zwischen den benachbarten Glandularia. Das I B 5+6 (vgl. Abb. 18) entspricht gleichfalls dem des Typus. Die Längen der Glieder messen:

I B 6 links: 173 μ	I B 5 links: 235 μ
I B 6 rechts: 177 μ	I B 5 rechts: 239 μ.

Die Längen der 6. Glieder in % der der 5. Glieder berechnen sich zu 73,6 bzw. 74,1%.

In den Größenverhältnissen unterscheiden sich die bisher als A. *mitisi* beschriebenen ♀ Individuen entsprechend folgender Übersicht:

	Walt. ♀ Ybbs	Ldbl. ♀ Spanien	Ldbl. ♀ Österr.	♀ Schwechat	
	μ	μ	μ	μ	
Körperlänge	960	770	—	880	
B 6 Länge	200	203	228	173	177
B 5 Länge	265	253	316	235	239
	%	%	%	%	
B 6 in % I B 5 Länge	75,5	80,2	72,2	73,6	74,1
Palpenglieder in % der Gesamtpalpenlänge:					
P I	9,0	9,0	—	9,7	
P II	21,3	20,8	—	20,8	
P III	27,2	27,0	—	27,1	
P IV	31,9	32,0	—	31,6	
P V	10,6	11,3	—	10,8	

Axonopsinae Viets 1929.

8. *Axonopsis* (*Hexaxonopsis*) *rotundifrons* Viets 1922.

FO: 3a (1 ♂).

Die Art ist sehr selten. Ihr locus typicus ist das Kellwasser bei Altenau/Harz, von dem bei der Erstbeschreibung der Art (Viets 1922b, S. 267—268) ebenfalls nur 1 ♂ vorlag. Erst 1955 wurden an demselben Ort neben einem weiteren ♂ auch 8 ♀ gefange (K. O. VIETS 1957d). Aus Österreich ist die Art durch WALTE (1944, S. 326—327; Fig. 65—66) in 1 ♀ aus der Ybbs bekannt geworden.

Das vorliegende ♂ ist ventral 510 μ lang und besitzt ein maximale Breite von 382 μ. Das Rückenschild ist 519 μ lang un 358 μ breit. Die Palpenmaße betragen:

P I—V: linke Palpe 39 — 58 — 32 — 91 — 36 μ.

Das Tier ist in allen Merkmalen typisch.

19. *Ljania bipapillata* Thor 1898.
FO: 3a (1 ♀).

Aturinae Wolcott 1905.

20. *Aturus* sp. (Abb. 19—20).
FO: 2a (1 ♀).

Das eine vorliegende *Aturus* ♀ scheint seiner Chitinisierung nach zu urteilen noch jugendlich zu sein.

Seine Gesamtlänge — gemessen von den Spitzen der 1. Epimeren bis zum Körperhinterrand, der Rückenpanzer wurde nich abgelöst — beträgt 328 μ. Die Maximalbreite des Tieres miß

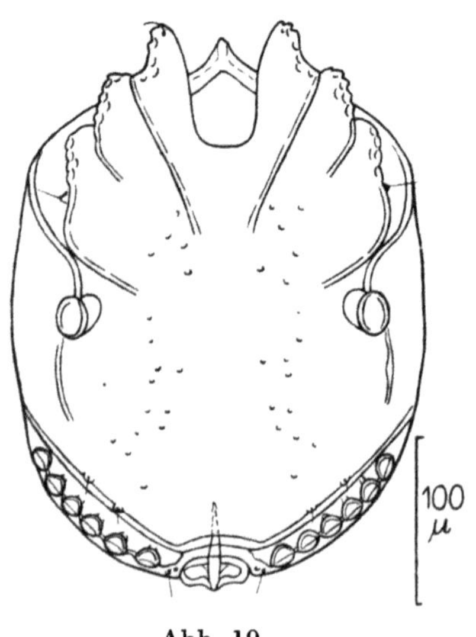

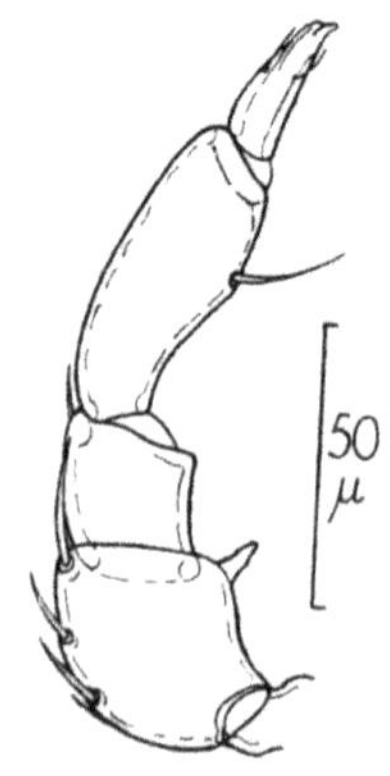

Abb. 19. Abb. 20.

Abb. 19. *Aturus* sp. ♀, Ventralseite (Prp. 1595. FO: 2a).
Abb. 20. *Aturus* sp. ♀, Palpe links (Prp. 1595. FO: 2a).

245 μ. Die Maxillarbucht ist 73 μ lang und im Mittel 40 μ breit. Das Tier trägt jederseits 6 Genitalnäpfe in einer Reihe.

Die einzelnen Palpenglieder messen:

P I—V: linke Palpe 20 — 47 — 28 — 56 — 27 μ.
rechte Palpe — — 47 — 27 — 58 — 27 μ.

Aturus-♀ sind nicht immer sicher bestimmbar. Es ist möglich, daß es sich bei dem vorliegenden Exemplar um *Aturus brachypus* Viets handelt. Das von mir (1957d) aus dem Harz genannte ♀ von *A. brachypus* ist in der Körperform gestreckter, und die Leisten der Napfplatten sind deutlicher vom Körperchitin abgesetzt. Das Exemplar aus dem Harz ist ohne Zweifel ausgereift. Die Palpen beider Individuen sind einander sehr ähnlich, dasselbe ist der Fall beim Rückenpanzer. Da eine Sicherheit in der Determination zur Zeit nicht zu erreichen ist, wird auf eine Benennung verzichtet. Der Fang eines zugehörigen ♂ vom gleichen Fundort bleibt abzuwarten.

Mideopsinae Koenike 1910.

1. *Mideopsis orbicularis* (Müller 1776)
FO: 10 (1 ♀).

C. Ökologische Ergebnisse.

Eingangs wurde bereits gesagt, daß die geringe Individuenzahl eine quantitative Auswertung nicht zuläßt.

Wassermilben aus Quellen fehlen völlig. Zum Bachoberlauf — Salmonidenregion — dürfte nach unseren bisherigen Kenntnissen die hier genannten *Lebertia*-Arten gehören, die bis auf *L. inaequalis* auch in der Salmonidenregion von Harzbächen gefunden wurden. Die *Pilolebertia*-Arten finden sich aber auch im Mittel- und Unterlauf, ja auch in den sommerwarmen Tieflandsbächen. Zum Oberlauf gehört ferner *Atractides tener* und wahrscheinlich — aus Deutschland bisher nicht bekannt — *Atractides mitisi*, die Walter aus dem Mittellauf der Ybbs angibt. Gleichfalls finden im Oberlauf ihr Habitat die angeführten Arten aus den Genera *Axonopsis, Ljania* und *Aturus*. Die beiden *Sperchon*-Arten, *S. clupeifer* und *S. setiger*, sind wie *Sperchonopsis* Formen des Mittellaufs, die aber weit in den Oberlauf eindringen. Dasselbe gilt für die beiden *Hygrobates*-Arten, besonders für *H. calliger*, die wohl stets stark im Oberlauf vertreten ist.

Die *Torrenticola*-Arten sind durch mehr oder weniger seltene Formen vertreten, über deren ökologische Bedürfnisse wir nichts wissen. *Mideopsis orbicularis* schließlich ist eine weit verbreitete Art, die auch in vielen Formen stehender Gewässer vorkommt.

Eine einwandfreie Trennung der verschiedenen ökologische Bachabschnitte ist nach der Wassermilbenfauna bisher nicht imme gut möglich. Viele Arten kommen vom Ober- bis zum Mittellauf, ja b zum Unterlauf vor, wenn auch in verschiedener Abundanz. Fr quenz- und Abundanzwerte der Arten zu berechnen lohnt sich jedoc nur an Material mit hohen Individuenzahlen. Eine Übersicht übe das Vorkommen der häufigeren Arten der Hydrachnellae in de verschiedenen Typen der Gewässer habe ich bei der Bearbeitun eines großen Mibenmaterials aus Nordbayern zu geben versuch (K. O. VIETS 1955b, S. 68—69, 79—80).

Auffällig ist, daß *Sperchon glandulosus*, *Atractides nodipalpi Atractides gibberipalpis* und *Aturus scaber* nicht gefunden wurde Ebenso fehlt *Protzia*. Auch *Sperchon denticulatus* wäre zu erwarte gewesen. Der Grund dafür wird in der zu geringen Individuenzal liegen, die nur einen kleinen, mehr oder weniger zufälligen Teil de Wassermilbenfauna erbrachte.

Literaturverzeichnis.

(Buchstaben beim Erscheinungsjahr nach VIETS' Katalog.)

ANGELIER, E., 1950a: Hydracariens phréaticoles de France. Genre *Atrac tides*. Bull. Mus., Paris (2), *22*, 1, S. 85—91.

— 1953b: Recherches écologiques et biogéographiques sur la faune de sables submergés. Arch. zool. expériment. et générale, Paris, *90*, S. 37—161.

— 1954c: Acariens (Hydrachnellae et Porohalacaridae) des eaux super ficielles. Contribution à l'étude de la faune d'eau douce de Corse. Vie e Milieu *5*, 1, S. 74—148.

HALBERT, J. N., 1944: List of Irish fresh-water mites (Hydracarina). Pro Irish Acad. Dublin, *50*, B, 4, S. 39—104.

LASKA, F., 1953a: Einige neue Wassermilben aus dem Flußgebiete Orava i der Slowakei. Acta Acad. scient. natur. Moravo-Silesiacae *25*, 9, S. 281 bi 296 (tschech., dtsch., russ.).

— 1954d: Beitrag zur Kenntnis der Wassermilbenfauna des Orava-Flusse und seiner Zuflüsse. Acta Soc. Zool. Bohemoslovenicae, Prag, *18*, 4 S. 260—288 (tschech., Rf. dtsch.).

LUNDBLAD, O., 1956b: Zur Kenntnis süd- und mitteleuropäischer Hydrach nellen. Ark. Zool. Stockholm (2), *10*, 1, 306 S. 84 Taf.

SOAREC, J., 1939a: Contributie la studiul Hidracarienilor din România Carpatii orientali. Mem. sect. stiintif. Acad. Romana, Bucuresti (s. 3 *14*, 12, S. 363—373.

— 1942: Contribution à l'étude des Hydracariens de Roumanie. Ann scient. Univ. Jassy, sect. 2, Sci. natur., année 1943, *29*, 1, 191 S. Jasi.

SZALAY, L., 1927b: Wassermilben aus der Donau. Állat. Közlem. *24*, 1—2 S. 70—76, 112—116 (ungar., Rf. dtsch.).

SZALAY, L., 1933b: Zwei neue Wassermilben aus der Gattung *Atractides* C. L. Koch. Zool. Anz. *103,* 7—8, S. 171—176.

— 1933c: Eine neue Hydracarine aus der Gattung *Atractides* C. L. Koch und das Weibchen von *Atractides* (*R.*) *Ungeri* Szalay. Zool. Anz. *104,* 7—8, S. 201—205.

— 1947: Einige *Atractides*-Formen (Hydrachnellae) aus unterirdischen Gewässern des Karpatenbeckens. Ann. Hist.-natur. Mus. nation. Hungar. *40,* 7, S. 289—303.

VIETS, K., 1922b: Zwei neue Hydracarinen aus dem Harz. Zool. Anz. *54,* 11—13, S. 267—268.

— 1930d: Zur Kenntnis der Hydracarinen-Fauna von Spanien. Arch. Hydrobiol. *21,* 2, S. 175—240, 3, S. 359—446.

— 1936b: Hydracarinen aus Jugoslawien. Systematische, ökologische, faunistische und tiergeographische Untersuchungen über die Hydrachnellae und Halacaridae des Süßwassers. Arch. Hydrobiol. *29,* 2. 351 bis 409.

— 1955/56: Die Milben des Süßwassers und des Meeres. Hydrachnellae et Halacaridae (Acari). 1. Teil: Bibliographie 476 S. (1955), 2. und 3. Teil: Katalog und Nomenklator 870 S. (1956).

VIETS, K. O., 1955b: Wassermilben aus Nordbayern (Hydrachnellae und Porohalacaridae, Acari). Abh. Bayerisch. Akad. Wiss., math.-naturw. Kl. N. F. *73,* S. 1—106.

— 1956b: Wassermilben aus holsteinischen Gewässern. Arch. Hydrobiol. *52,* 1/2, S. 292—298.

— 1957d: Wassermilben aus der Salmoniden-Region von Harzbächen. Abh. naturw. Ver. Bremen *35,* 1, S. 135—161.

WALTER, C., 1944: Die Hydracarinen der Ybbs. — 1. Teil. Intern. Rev. Hydrobiol. Hydrogr. *43,* 4—6, S. 281—367.

— 1947: Neue Acari (Hydrachnellae, Porohalacaridae, Trombidiidae) aus subterranen Gewässern der Schweiz und Rumäniens. Verh. naturf. Ges. Basel *58,* S. 146—238.

)ie in den Sitzungsberichten Abtlg. I und Abtlg. IIa der math.-nat. Klasse der Österr. Ak. d. Wiss. rscheinenden Abhandlungen werden auch einzeln abgegeben. Sie können durch jede Buchhandlung der direkt durch die Auslieferungsstelle der Österreichischen Akademie der Wissenschaften (Wien I, ingerstraße 12) bezogen werden.

Nachfolgende Abhandlungen aus dem Fache **Botanik** (Biologie) sind erschienen:

953 (S I Bd. 162):

Cholnoky B. J. v.: Beobachtungen über die Plasmolyse II. Zur Protoplasmatik der Staubblatthaarzellen von Tradescantia (mit 31 Textabbildungen). S 11.40

Cholnoky B. J. v., und Schindler H.: Die Diatomeengesellschaften der Ramsauer Torfmoore (mit 41 Textabbildungen). S 15.60

Kirn Ilse: Vitalfärbung von Diatomeen mit basischen Farbstoffen (mit 8 Textabbildungen). S 16.20

Huber Elfriede: Beitrag zur anatomischen Untersuchung der Antheren von Saintpaulia (mit 6 Textabbildungen). S 4.90

Lenk Ingeborg; Über die Plasmapermeabilität einer Spirogyra in verschiedenen Entwicklungsstadien und zu verschiedener Jahreszeit (mit 1 Textabbildung und 1 Tafel). S 20.—

Loub W.: Zur Algenflora der Lungauer Moore (mit 3 Textabbildungen). S 22.90

Wimmer Ch., und Höfler K.: Über die Eigenfluoreszenz lebender, absterbender und toter Florideenzellen (mit 3 Textabbildungen). S 9.60

Diskus A.: Vom Osmoseverhalten halophiler Euglenen vom Neusiedler See (mit 3 Tafeln). S 8.50

1954 (S I Bd. 163):

Kiermayer O.: Die Vakuolen der Desmidiaceen, ihr Verhalten bei Vitalfärbe- und Zentrifugierungsversuchen (mit 23 Textabbildungen), 48 Seiten. S 32.30

Loub W., Url W., Kiermayer O., Diskus A., und Hilmbauer K.: Die Algenzonierung in Mooren des österreichischen Alpengebietes (mit 1 Textabbildung und 3 Tafeln), 48 Seiten. S 26.70

Luhan Maria: Zur Wurzelanatomie unserer Alpenpflanzen III. Gentianaceae (mit 4 Textabbildungen und 1 Tafel), 19 Seiten. S 14.90

Poelt J.: Moosgesellschaften im Alpenvorland I (mit 3 Textabbildungen), 34 Seiten. S 15.10

Poelt J.: Moosgesellschaften im Alpenvorland II (mit 1 Textabbildung), 45 Seiten. S 26.50

Scheidl W.: Auslösung von Vakuolenkontraktion durch undissoziierte Basen (mit 12 Textabbildungen und 15 Diagrammen), 44 Seiten. S 28.—

Schiller J.: Über Cyanophyceen aus kleinen künstlichen Wasserbecken und aus dem Ruster Kanal des Neusiedler Sees (mit 17 Textabbildungen [49 Einzelbilder]), 31 Seiten. S 23.40

1955 (S I Bd. 164):

Hölzl J.: Über Streuung der Transpirationswerte bei verschiedenen Blättern einer Pflanze und bei artgleichen Pflanzen eines Bestandes (mit 8 Textabbildungen). S 40.—

Huber Elfriede: Vitalfärbungsversuche an Hochmooralgen mit leeren und vollen Zellsäften (mit 13 Abbildungen auf 3 Tafeln). S 36.40

Kiermayer O.: Über die Reduktion basischer Vitalfarbstoffe in pflanzlichen Vakuolen (mit 4 Tafeln und 1 Farbtafel). S 25.20

Loub W.: Algenbiozönosen des Neusiedler Sees (mit 9 Textabbildungen). S 22.—

Url W.: Resistenz von Desmidiaceen gegen Schwermetallsalze (mit 8 Abbildungen auf 2 Tafeln). S 23.—

Ziegler Annemarie: Die blau fluoreszierenden Idioblasten der Scrophulariaceen: Morphologie, Mikrochemie und Vitalfärbbarkeit (mit 19 Abbildungen im Text und auf 3 Tafeln). S 46.90

1956 (S I Bd. 165):

Abel W. O.: Die Austrocknungsresistenz der Laubmoose (mit 14 Abbildungen im Text und auf 5 Tafeln). S 73.30

Fetzmann Elsa Leonore: Beitrag zur Algensoziologie (mit 3 Textabbildungen, 4 Tafeln und 1 Beilage). S 73.60

Lenk Ingeborg: Vergleichende Permeabilitätsstudien an Süßwasseralgen (Zygnemataceen und einige Chlorophyceen) (mit 7 Textabbildungen). S 83.60

Sperlich A.: Die Fortpflanzungstüchtigkeit (Phyletische Potenz) des Fremdbefruchters. Nach Versuchen mit drei Formen des Alectorolohus hirsutus (Lam.) Alb. S 58.90

1957 (S I Bd. 166):

Politis J.: Über die „Tanninoplasten" oder Gerbstoffbildner der Crassulaceae (mit 2 Textabbildungen und 1 Tafel). S 6.—

Politis J.: Über einen neuen Pflanzenfarbstoff in den Blüten einiger Verbascum-Arten (mit 2 Tafeln). S 5.20

Übeleis Ilse: Osmotischer Wert, Zucker- und Harnstoffpermeabilität einiger Diatomeen (mit 1 Textabbildung).

GPSR Compliance
The European Union's (EU) General Product Safety Regulation (GPSR) is a set of rules that requires consumer products to be safe and our obligations to ensure this.

If you have any concerns about our products, you can contact us on

ProductSafety@springernature.com

In case Publisher is established outside the EU, the EU authorized representative is:

Springer Nature Customer Service Center GmbH
Europaplatz 3
69115 Heidelberg, Germany

www.ingramcontent.com/pod-product-compliance
Ingram Content Group UK Ltd.
Pitfield, Milton Keynes, MK11 3LW, UK
UKHW021930190726
13853UKWH00002B/950
* 9 7 8 3 6 6 2 2 2 7 8 0 0 *